牛津趣味数学绘本

Rafferty's Rogues : Time

愚蠢的盗贼之

算错了的时间

〔英〕菲利希亚·劳 (Felicia Law)　〔英〕安·史格特 (Ann Scott)/ 著　叶子微 / 译

北京日报出版社

这是坏蛋谷的一个早晨。

太阳刚刚升起，阳光先是洒满了嗞嗞城，

接着照亮了一条弯弯曲曲的小路，

继而越过嗨哟山脉，

往嘎吱峡谷蔓延。

如果可以的话，阳光在此就停下脚步了。因为即使是它，也需要慎重考虑是否要进入坏蛋谷……

弄醒住在那里的一帮盗贼。

但是，今天天空中连一片可以用来做掩护的云都没有，阳光不得不故作勇敢地进入了坏蛋谷。

（当然，那帮盗贼也常常会有小小的可能睡过头，如果是这样，早晨就会相安无事。）

但今天那帮盗贼可没打算赖床。
盗贼头目赖无敌的心里
有了一个特别坏的计划。

盗贼们已经聚齐在他们居住的破烂棚屋外，
打算听听赖无敌的最新计划。

至少，大部分人都来了。

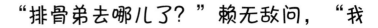

“排骨弟去哪儿了？”赖无敌问，“我特意告诉了每一个人，要准时集合。”

“我十分钟前就到这儿了，”指头妞说，“我是提前到的。”

“我们是准时到的。”猫儿妹和肌肉哥说。

但赖无敌并不满意。毕竟，当有事情要做的时候，“每个人”意味着所有人。

一天中的时间

我们以每分钟做了什么来计时，或在日志中用天和周来计时。对于大多数人，"天"是最常用的计时单位。

4000年前，古埃及人利用太阳来判断时间。他们测量了太阳经过一天一夜回归到测量初始位置时所耗费的时间，并把这段时间平均分成24份，称为24小时——白天12小时，夜晚12小时。

不同地区或同一地区一年中的不同季节里，白天和夜晚的长短是不一样的，但一整天的时间都是24小时。

排骨弟终于出现了。"你迟到了！"赖无敌说。

"我怎么知道？"排骨弟委屈地说，"我只知道天黑了是晚上，天亮了是白天。"

7

"好了！"赖无敌说，"我已经查过我的日程安排，明天我有时间。其实，我这个星期都有空。事实上，我这一整个月都很闲！"

"我也有空。"猫儿妹说。指头妞、排骨弟和肌肉哥也都没有日程安排。

"那么，"赖无敌说，"我计划在我们的日程中安排一件事。这是件坏事——特别坏的事！"

这听上去是赖无敌和他的手下非常擅长的事情。

"我们洗耳恭听。"排骨弟说。

星期一

星期二

星期三

日 历

人们用日志或日历表来记录生活。日志里一般有更多的个人记录，例如计划和记录约会等，二者都按星期和月对一年中每天的各种细节信息有所记录。

日程表和日志可以记录一年中的特殊节日或其他大事。它们可以记录你的生日——并帮助你记得其他人的生日。

星期四

星期五

星期六　　星期日

在英语国家，人们在讨论、记录，甚至思考事情的时候，他们所使用的动词会受时态的影响，分为过去时、现在时和将来时，表示动作是在什么时候发生的。有的语言分得更细，有的语言没有明显的区分。

9

赖无敌告诉他的手下，一场老爷车公路赛即将举行。赛车队会从嗞嗞城出发，翻过嗨哟山脉，抵达嘎吱峡谷。

他们都要去参加比赛。

(好吧。他们其实不是去参加比赛，而是去捣乱！）

赖无敌说，他这个计划是关于计时的，所以他需要先确认一下大家是否都会看时间。

结果是，他们都不会！

赖无敌说他有一块手表，这块表是他爸爸——赖老爸的。虽然是一款老式手表，但它走得很准。

他准备用这块表来教他的手下学会看时间。

计 时

几千年前，钟表和日历还没有被发明出来，人们利用太阳、星星和流沙来计时。

太 阳

那时，人们日出而作，日落而息。白天里，人们根据太阳在天空中的位置来判断白天还会持续多久。

星 星

古埃及人和古罗马人通过观察星星来给夜间划分时间段。

日 晷

人们还会制作日晷来划分一天的时间。他们把一根棍子垂直插到地上，通过太阳下棍子投下的影子来计时。他们把石子沿着影子经过的路径排列，以此来把时间分成若干时间段。

沙 漏

一般由两个玻璃球和一根细连接管组成。竖立时，沙子从上面的玻璃球中均匀地流入下面的玻璃球，每次流完用时都是固定的，例如1分钟或者说60秒。

排骨弟花了点儿时间，就明白了：表盘上的两根指针，长点儿的是分针，指的是分钟；短点儿的是时针，指的是小时。

肌肉哥可以数到12——差不多吧。他明白了时针可以显示12个小时的时间是如何过去的。

猫儿妹知道了时针会绕两圈。一圈是白天的12个小时，一圈是夜里的12个小时。

白天　　夜晚

整点

指头妞知道了分针可以指示整点、15分钟、半小时和45分钟。

45分钟　　　　　15分钟

半小时

时　钟

几个世纪里，一直用来计时的是一种指针式时钟，也叫"模拟"时钟。这种时钟由一个有数字的表盘和两根指针组成，表盘上每个数字之间相差5分钟，如果时针指向10，分针指向5，这表示当下的时间是10点过了25分钟或10:25。

在西方国家，一天被分成两大部分：AM（上午）和PM（下午）。AM来自拉丁文"Ante Meridiem（午前）"，指午夜到正午的时间。表现在时钟上，AM指的是午夜12点到正午12点前1分钟；PM（下午）或午后，指的是从正午12点到午夜12点前1分钟。

上午12点和下午12点常常被混淆。上午12点准确地说就是午夜，所以常常被称为午夜12点，这样更容易理解。而下午12点可以被称为正午12点。

赖无敌认为大家已经掌握得差不多了。

他把手表交给指头妞，让她负责。

13

指头妞没明白她要负责什么，赖无敌给她解释。

"老爷车公路赛10:00会从嗞嗞城开始，"他说，"1个小时后在嘎吱峡谷结束。"

"将有10辆车依次从嗞嗞城开出，每辆车间隔5分钟。"

然后，赖无敌做了一个时间表。

10:00	10:05	10:10	10:15	10:20
10辆车在嗞嗞城集合	1号车出发	2号车出发	3号车出发	4号车出发

时间表

时间表一般用来记录依次发生的事件。这些事件可能每年发生1次，10年（1个年代）发生1次，或者100年（1个世纪）才发生1次。

为了记录宇宙诞生以来发生的所有事情，科学家制作了一个时间表，它记录了过去几十万年以来的所有重要事件。

"在这条路上的某个地方，有一辆车会消失。那辆非常漂亮的车将变成我们的车。"

10:25	10:30	10:35	10:40	10:45
5号车 出发	6号车 出发	7号车 出发	8号车 出发	9号车 出发

10:50

10号车出发

"我们感兴趣的那辆车，"赖无敌说，"是10号车。"

"为什么呢？"肌肉哥问。

"因为它是最好的。"赖无敌回答。

"为什么它是最好的呢？"肌肉哥又问。

这次，赖无敌没有直接回答。

但他要求，9号车经过后，大家务必要将路旁公路赛的指示牌给换掉。那样，10号车就会离开主赛道，进入狭窄的峡谷……

……他们将埋伏在峡谷那里。

数字钟

现在，我们所见到的时钟和手表很多是数字式的电子表，它们大多没有圆圆的表盘，也没有指针。它们直接显示时间数字来表示一天的时间。

前12个数字表示正午之前的时间。正午之后，13:00等同于指针式时钟的下午1:00点。24:00等同于上午12点或者午夜。下午4:15显示为16:15，4:30显示为16:30。

电子表不依靠机械计时，它们以电子方式计时，所以计时很精准，可以计量1/100秒的时间。

这个计划的实施需要运用很多报时和计时的技能（我们知道，这正是赖无敌手下所不擅长的）。

但他们有赖老爸的手表，所以也许不会有问题。

第二天早上9点，他们已经做好了行动前的准备。

赖无敌明确地告诉了他的手下，他们该到什么地方去，到了以后该做什么。

实际上，他跟他们交代了好几次，以确保他们完全领会。

糊涂了吗?

数字时钟	指针式时钟
0:00	午夜12点
1:00	1:00 AM
2:00	2:00 AM
3:00	3:00 AM
4:00	4:00 AM
5:00	5:00 AM
6:00	6:00 AM
7:00	7:00 AM
8:00	8:00 AM
9:00	9:00 AM
10:00	10:00 AM
11:00	11:00 AM
12:00	正午12点
13:00	1:00 PM
14:00	2:00 PM
15:00	3:00 PM
16:00	4:00 PM
17:00	5:00 PM
18:00	6:00 PM
19:00	7:00 PM
20:00	8:00 PM
21:00	9:00 PM
22:00	10:00 PM
23:00	11:00 PM

然后，赖无敌动身前往嗞嗞城。"别搞砸了！"他最后叮嘱他们。

警长负责公路赛的秩序管理。他站在起点线，准备吹响口哨。

"1号车，"他喊道，"出发!"

5分钟过后，2号车出发了，又过了
5分钟，3号车也出发了……

但赖无敌对它们毫不关心。他
正紧紧盯着10号车。

那辆让他梦寐以求的车。

那辆马上就要属于
他的车！

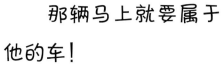

21

1号车12:00时经过那块指示牌。

指头妞算得最快。"如果那辆车是10:00离开嗞嗞城的，现在12:00，说明它行驶到指示牌位置花了2个小时。

"赖无敌之前说，赛车每隔5分钟出发一辆，那我们什么时候才能等到10号车呢？"

没人回答。

"好吧，"指头妞说，"我自己算！"

花费的时间

汽车从一个地方行驶到另一个地方，时间的花费取决于汽车行驶的速度。汽车行驶的速度取决于在规定的时间里汽车行驶的距离。速度常常用千米每小时来表示，简写为千米/小时。

光的传播速度是最快的。在没有空气的真空环境里，光的传播速度是299792千米/秒。物体以光速前进，1秒钟内即可环绕地球7圈半。

问题来了！

你能帮她吗？
第一辆车是正午12点经过那块指示牌的。在10号车到来之前，还有8辆车要来，且后一辆车比前一辆车晚5分钟出发，所以10号车将会比1号车晚（9×5）分钟经过那块指示牌。

9×5 = 45。
指头妞现在能算出来了吗？

电视图像是通过电磁波传送的，传送速度和光速相同。通过电视图像，你几乎可以同步看到5000千米外的人正在做什么。

老式手表的问题是，它们常常不能准确计时。

它们可能走得太快，也可能走得太慢。赖老爸的表就是这样的一块表。

老爷车的问题是，它们也会出问题。

它们可能跑得太快，也可能跑得太慢，有时候甚至会跑不动。10号车就是这样的一辆车。

世界时间

很多年前，科学家们达成一致观点：以秒作为时间的最小单位，一年有31556925.9747秒。之后，大家都使用这个最小单位来给钟表进行对时。

虽然，几乎所有人都使用秒、分钟和小时来计时，但对于时间的设置却取决于人们生活在地球上的位置。根据日出日落时间的不同，各地都有自己的时间设置。例如，有的地方的早上9:00，即可能是另一个地方的晚上9:00。

问题还有……

好吧，我们可以把它当作惊喜，你知道的，警长可不会袖手旁观。

如今，很多钟表都通过连接太空中的卫星进行对时。

计 时

1分钟有60秒，
1小时有60分钟。

1天有24小时，
1周有7天。

1个月有4周（或多一点儿）。

现在，大多数国家都是采用公历纪年法纪年。一年是地球绕太阳运行一周的时间，一共是365.2425天。

一年有365天（多一点儿）。

很久以前，1个月真的就是一个"月亮月"，即两次新月出现之间的时间，大约为30天。但12个月亮月的天数相加只有354天，所以，为了使得月份天数相加与一年天数相同，就有了天数不同的月份。

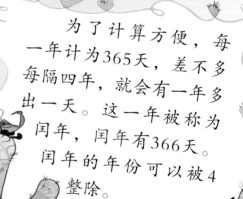

为了计算方便，每一年计为365天，差不多每隔四年，就会有一年多出一天。这一年被称为闰年，闰年有366天。闰年的年份可以被4整除。

1年有12个月。

　　一旦9号车经过，肌肉哥需要马上转换指示牌。但在数数这件事上，肌肉哥并不擅长。

　　但这次他数对了。9号车经过之后，他溜到十字路口换了指示牌。路线这时指向了黑暗狭窄的峡谷，他的朋友们正在那里等着……

公路赛沿此路行驶

第十辆车出现的时候，手表的指针指

向1:00。

"就是它！"指头妞
说，"10号车。"

"行动！"排骨
弟喊道。

汽车行驶得越来越近。

"奇怪，"猫儿妹说，"你们认为
赖无敌真的想让我们劫取警长的车？"

29

事实证明，警长并不喜欢在峡谷被伏击，更不会让这帮盗贼开走他的车。很快，他就用手铐铐住了他们，并准备把他们投进监狱。

"你们这次闯大祸了，"警长说，"我要逮捕你们所有人，因为你们意图伏击警长和他的警车。"

赖无敌当然要解释清楚。他向警长保证他们真的不是想要伏击他的车。事实上，他们从没打算要伏击警长的车（当然，他没有提到他们想劫取10号车）。

　　"这是个天大的误会。"他说，"我们真的、真的很抱歉。"

　　"好吧，"警长说，"如果你们把所有弄脏的赛车清洗干净，我就放了你们。但不许再有伏击！"

　　这太离谱了！赖无敌确信他们原本是可以干一番大事的。

　　但有些事情他无法掌控！

帮帮赖无敌!

　　赖无敌应该告诉他的手下他们要伏击的车的牌子——劳斯莱斯,这样,他们就会知道警长的警车不是他们要伏击的那辆了。但是……

　　……赖无敌还是头一次做对了些事情!

　　他教会了盗贼们看时间。

　　他教了他们计时5秒、10秒和60秒。他们因此做了很多数字练习。

　　他也给他们讲了钟表是如何工作的。

　　当然,电子手表比指针式手表更可信。如果他们再计划抢劫,他们可能要放弃赖老爸的那块老式手表了。